尖端科技篇

哇，科学有故事！

记录的故事

［韩］金成浩／文　［韩］鱼秀贤／绘　千太阳／译

人民东方出版传媒
People's Oriental Publishing & Media
东方出版社
The Oriental Press

有什么办法能够将我所看到
的东西永远记录下来呢？

涅普斯

能不能将声音储存起来，等
需要的时候再放出来呢？

爱迪生

能不能将信息储存到
这种小卡片里呢？

佩里

目录

 发明照片的故事

涅普斯先生，
**听说您能用光来
拍摄照片？**

过去没有照相机，人们很难把自己的样子保存下来。虽然人们尝试在暗箱中留下自己的影像，但是这种影像会随着光源一起消失。于是，我不断研究储存影像的方法，最终成功拍出第一张照片。

18 世纪的一天，欧洲的一位画家正在给一名贵妇人画肖像画。

"夫人，我一定会画得跟您本人一模一样，请您不要乱动。"

画家打开一个大型暗箱的盖子，朝漆黑的暗箱内部看去。

贵妇人身上反射的阳光，通过一个装有透镜的小孔能在暗箱中倾斜的镜子上形成一个颠倒的像。画家在镜子上方透明的玻璃上放一张纸，像会被镜子反射到纸上，这样就可以把图像描画在纸上了。

虽然过程有些复杂，但画家可以原封不动地将贵妇人的形象画下来。

但是，这个暗箱存在一个很大的问题。

"夫人，请不要再动了。"

"我的腿快要抽筋了。"

那就是一旦箱子外的物体发生移动，暗箱里面的像也会跟着动起来。

而且，如果太阳落山，暗箱也就失去了作用。

画家们都希望能够将暗箱里的影像保存下来。

因为如此一来，他们就能随时拿出来进行描画了。

"肯定会有办法将影像保存下来。"

19世纪时，法国的石版印刷画家约瑟夫·涅普斯开始尝试研究存储影像的方法。

"如果事先在暗箱中成像的地方，抹上能够与光发生反应的物质会如何呢？"

涅普斯在成像的金属版上涂抹硝酸银，然后用暗箱照了一下前方的建筑物。

顿时，建筑物的影像悄然出现在金属版上。只不过原本明亮的建筑物却呈现得异常昏暗，而漆黑的影子却非常明亮。

"咦，黑白颜色怎么发生了颠倒？原来银接触过多的光会变黑呀！"

后来经过一番尝试，涅普斯找到了将颠倒的黑白颜色换回原样的方法。

那就是用生产石油时剩下的渣滓——沥青来代替硝酸银。

沥青与含银物质相反，具有接触阳光后变白的特性。

涅普斯在黑色版面上涂上沥青，然后照射阳光拍出了照片。

这时，受到阳光照射的建筑物呈现得很明亮，而接受不到阳光照射的阴影部分则呈现得非常昏暗。

就这样，在1826年，人类历史上的第一张照片诞生了。

"虽然说获得了成功，但花了 8 个小时。"

拍摄一张照片居然会花费如此漫长的时间，这让涅普斯难以接受。于是，他又与画家路易·达盖尔一起研究保留影像。

"无论谁先取得成果，我们都不能忘了彼此。"

然而遗憾的是，比达盖尔年长 22 岁的涅普斯先一步撒手人寰。

虽然达盖尔感到伤心，但他依然没有放弃研究。

有一天，达盖尔在拉开抽屉时遇到一件非常不可思议的事情。他放在抽屉里的银版上，居然浮现出了影像。

"太奇怪了。我明明没有在上面涂沥青啊……"

其实，秘密就藏在抽屉里的水银瓶里。

正是不小心泄漏出来的水银蒸汽，使得银版上曾与阳光接触过的部分变得更加明亮。

达盖尔发现后，用水银蒸汽熏了熏成像了的银版，结果仅花了 20 分钟就形成了一张照片。

达盖尔将这个方法进一步改进，于 1839 年 8 月 19 日公布了自己的银版摄影术。于是，这一天被人们定为"摄影术诞生日"。最终，这项摄影技术让达盖尔和涅普斯的家人获得了法国政府颁发的恩给金。

摄影术诞生日

达盖尔去世后，银版被替换为成像更清晰的玻璃版。

但玻璃版依然很重，而且每次拍照片时都需要涂抹化学药品，非常麻烦。

1889 年，美国的乔治·伊斯曼研发出一种在又薄又透明的塑料上涂抹化学药品的胶卷。

塑料胶卷能像卫生卷纸一样卷起来，体积非常小。

胶卷的体积变小后，更小的照相机紧跟着面世，再加上价格便宜了很多，渐渐普通人也能拍得起照片了。

如今，人们随时随地都能用小型相机或手机自带的摄像头进行拍照。

此外，医生们可以用照片检查患者体内生病的地方。

科学家们可以用照片确认遥远宇宙中的天体。

警察们可以用摄像头监视有没有人做坏事。

总之，摄影术令我们的生活变得更加便利。

照片

照片可以拍摄物体的影像并长期保存下来。

将胶卷放入照相机里拍摄好照片后，经过显影和冲印过程，就能以纸质的形式将照片冲洗出来。

利用光的原理拍摄照片。

哇，是照相机！

啊，不可以随便触摸透镜。那里是光线经过的通道！

透镜会将光聚集起来，在相机里面形成影像。

由于光会沿着直线传播，所以通过透镜的光会形成倒立的影像。另外，光还可以让光敏化学物质发生变化，因此能将影像记录在胶卷上。

照相机中的反射镜会上下颠倒影像，而五棱镜则会再次上下颠倒影像，所以我们看到的影像是正常的。

可是通过取景器看到的影像为什么不是倒立的？

哈！一个小小的照相机里竟然藏有这么多门道。

现在我们就去把胶卷上的照片洗出来吧！

五棱镜　取景器　透镜　光　胶卷　反射镜

胶卷涂抹化学药品后，与光发生反应，从而将照片洗出来。

不是说要洗照片吗？为什么要来这么漆黑的地方？

如果阳光接触到胶卷，胶卷就会遭到破坏。

当当！经过显影液冲洗，已经能看到照片了！

原来胶卷中的黑白影像是颠倒的！

没错。现在我们就用洗印机将照片洗出来吧。

可是为什么又要开这个灯呢？

因为洗印机的光会让胶卷上的颜色转换成正常的颜色，然后印到纸上。

爸爸！照片都被弄湿了！

只有经过定影液，照片才不会受到光的影响而变色。

现在只要晾干，就可以了。

噢，洗照片比我想象的还要复杂呢。

如果是拍立得相机，就会使用特殊胶卷，因此能够很快洗出照片来。

而数码相机则会用内存代替胶卷储存相片，所以能够直接通过显示屏浏览照片。

照片洗出来了，拍得比本人还好看。

嘻嘻，看来还是洗出来的照片最好。

与照片同时登场的印象派画家

　　19世纪欧洲的画家大都家境贫寒，普遍靠给贵族或王室画肖像画来维持生计。为了能够将肖像画画得更加逼真，他们付出了极大的努力。因为只有画得惟妙惟肖，才能被认可为有实力的艺术家。

　　进入近代后，摄影术的登场令画家们感到无比恐慌。因为人就算画得再逼真也无法与相片相比。于是，莫奈、塞尚、梵高等画家另辟蹊径，进行了新的尝试。例如，在画肖像画时，他们会千方百计地表达出人的心理和感情；而在画风景画时，他们则用点或短线来表达那些微妙的光线变化。

　　"人的感情怎么可能画得出来呢？""为什么画那么多的点？看得我头都晕了。"他们的作品遭到了人们的嘲讽。

　　然而随着时间的流逝，人们发现他们的作品中包含着相片无法体现出来的个性。于是，他们的作品逐渐受到人们的追捧，进而对其他的画家也产生了巨大的影响。如今，人们称他们为"印象派画家"。

印象派画家梵高的
《星月夜》

爱迪生先生，
您是怎样存储
声音的呢？

我并不是第一个找到存储声音方法的人。其实，我是在研究性能更好的电话机时，无意间发明了可以录制声音的留声机。留声机一面世就受到了人们的狂热追捧。

"我成功了。我得赶紧去申请专利。"

1876年，发明了电话机的托马斯·爱迪生兴致勃勃地跑到专利局申请专利。因为只有申请专利，才能证明那是自己发明的物品。

"电话机的专利已经被人抢先注册了。"

原来，另一位发明家贝尔先一步申请了电话机的专利。

"唉，白高兴了一场！回去之后，我一定要发明出性能更好的电话机。"

此时，爱迪生做梦也没有想到自己会发明出留声机。

　　"啊！"有一天，爱迪生一如既往地与电话机较劲，却不小心被电话机里的铁片扎到了手指。

　　这时，爱迪生的脑海中突然闪过一个想法："我们是如何通过电话听到对方声音的呢？不就是因为每次声音响起时，电话机中的铁片都会刮一次膜吗？声音大时，铁片会刮得深一些；声音小时，铁片会刮得浅一些。那么，铁片刮过的痕迹不就是人的声音吗？"

　　爱迪生决定发明一个可以记录声音的机器。

几天后，爱迪生给研究室的职员们展示了一张奇怪的设计图。

"博士，这是什么东西？"

"嗯，这是可以将声音保存下来，然后再放出来听的机器。"

"哇哈哈，博士，这根本不可能。"

又过了几天，这台奇怪的机器制作完成了。它的中间是一个裹着薄薄金属膜的圆筒，上方是一个带有金属针的喇叭状管子，下方是一个带着把手的盒子。

爱迪生一边摇把手转动圆筒，一边唱起了歌："玛丽有一只小羊羔……"

"嗞啦嗞啦！嗞啦嗞啦！"金属针跟随歌声不断抖动着，从金属膜上刮过。

一曲终了后，圆筒的金属膜上留下了一条长长的起起伏伏的划痕。
爱迪生将金属针放在刚刚刮出划痕的地方，再次摇起了把手。
"玛丽有一只小羊羔……"喇叭管中传出了爱迪生的歌声。
这就是世界上第一台留声机。

　　1877 年，爱迪生申请了留声机的专利，并于第二年成立"爱迪生留声机公司"，赚了一大笔钱。

　　然而，以快速记录别人话语为职业的速记员们则恨极了爱迪生。

　　"就是因为爱迪生发明了留声机，我们才会失业。"

　　后来，爱迪生开发出"给盲人读书""演讲录音""遗言录音"等十种留声机的用途。

　　不过，爱迪生并不喜欢人们用留声机录制音乐听。

　　"我发明留声机可不是为了录制音乐。它是用来录制人声的机器！"

　　事情并没有像爱迪生希望的那样发展。

留声机的用途

给盲人读书

演讲录音

遗言录音

19 世纪 90 年代，留声机被不少发明家改良得更加便捷，同时欧洲的大城市中陆续出现很多听音乐的店铺。在那里，客人们向留声机里投硬币，就能欣赏自己喜欢的音乐。

很多俄罗斯音乐家拿着留声机到民间录制民谣，然后进行谱曲。那些差点儿消失在历史长河中的音乐得以流传至今，都是爱迪生发明了留声机的功劳。

1893 年，德国著名作曲家勃拉姆斯也将钢琴演奏曲录制到留声机中。

俄罗斯的一位音乐家这样说道："留声机的面世将进一步促进人类音乐的发展。"

声音还原装置

声音还原装置是指将记录下来的声音重新播放出来的装置。电唱机是从留声机发展而来的。它会将沿着唱片槽转动的指针的振动还原成声音。CD 播放器能用光碟反射激光，然后将检测到的信号转换成声音播放出来。

 电唱机会利用声音的振动来播放音乐。

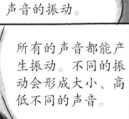

爸爸，你在干什么？

嗯，我在感受声音的振动。

我在听音乐，能放音乐的电唱机就是利用声音会振动的原理制造出来的机器。

啊？那是什么意思？

所有的声音都能产生振动。不同的振动会形成大小、高低不同的声音。

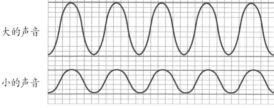

大的声音

小的声音

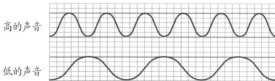

高的声音

低的声音

所谓的录音就是将这些声音的振动刻在唱片上。

CD播放器能利用光来播放音乐。

发明家的黄金时代

　　从 19 世纪后期到 20 世纪初期，这个包括发明留声机的爱迪生和发明电话机的贝尔等众多发明家活跃过的时期，我们称为"发明家的黄金时代"。因为电灯、钢铁、人造染料、电话、汽车等无数物品都是在这个时期被发明出来的。这既不是偶然的事情，也不是突发性的现象。

　　从 5 世纪开始，近一千年来，欧洲的科学家们无论是做实验，还是做研究，都要看教会的脸色行事。如果实验的结果与教会的教义不符，科学家们说不定就会受到非常严厉的处罚。而从 17 世纪开始，教会的力量开始削减，欧洲不断涌现牛顿、拉瓦锡等优秀的科学家，并发展出各种科学理论。于是到了 18 世纪后期，随着英国爆发工业革命，欧洲的科学技术得到了进一步发展。到了 19 世纪，各种各样的发明开始如雨后春笋般冒了出来。

　　不过，由于相同的时期一下子冒出太多相似的发明，如何确认最初的发明者成了一大难题。于是，抢先申请专利成了一件特别的事情。哪怕比其他竞争者晚一步发明，只要抢先申请专利，就能成为最早的发明者。就好比爱迪生，他既是发明大王，同时也是拥有 1000 多项专利的专利大王。

爱迪生发明的白炽灯泡

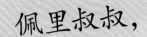

佩里叔叔，
听说我的卡片中
含有磁铁？

最先发明利用磁性材料存储信息技术的人，是一位名叫波尔森的发明家。而我只是将存有信息的磁条贴在了信用卡上而已。自从有了我的发明，人们再也不用携带厚厚的钱包，只需一张卡片就能便利出行了。

"我说了，饭钱以后肯定结给你。"

"我说了，不行。"

1949 年，美国商人弗兰克·麦克纳马拉在餐厅里与服务员发生了争执。

由于不小心将钱包落在了家里，所以麦克纳马拉不得不等妻子赶过来帮他结账，才得以脱身离开餐厅。

虽然麦克纳马拉感到有些生气，但他也因此想到了一个绝妙的创意："有什么办法能在不带钱包的情况下，还能从容地吃饭呢？"

1950 年，麦克纳马拉发明出一种不带现金也能在餐厅和酒店结账的卡片。这就是现代信用卡的雏形。

"我要用信用卡结账。"

"好的，请将卡号告诉我。"

当时，信用卡还是少数富人拥有的珍贵物品。

每个商店都会把客人的信用卡卡号记录在本子上。如此一来，在购买物品或吃饭时，富人们只需签字，再等以后一次性结算就可以了。

随着时间的流逝，越来越多的人开始使用信用卡。

"为什么不给我结账呢？"

"抱歉。我们的笔记本上并没有您的姓名和卡号。"

想想也是。那么多的卡号，又如何能够全部记在本子上呢？

于是，人们开始寻找一种能够提前将信息存储在信用卡中，然后等需要时随时都能读取信息的方法。

到了 1958 年，美国 IBM 公司的工程师福利斯特·佩里突然想到了当时正在使用的磁存储技术。

早在 1898 年，丹麦发明家波尔森曾发明出将沾有磁铁粉末的铁丝缠在圆筒上保存声音的磁存储技术。当时，这种技术已经得到改进，转变为一种将轻盈的塑料和磁铁粉末结合的形态。

于是，佩里就想到将消费信息储存在涂有磁铁粉末的磁条上，然后将它贴在信用卡上。

此外，他还发明出可以读取磁条信息的机器——终端机。

自从有了他的发明，信用卡卡主们再也不用每次说出自己的名字和信用卡卡号了。

同时，店主们再也不用苦苦对照或记录顾客们的信用卡信息了。他们只要在终端机上刷一下信用卡就可以了。

随着贴有磁条的信用卡受到人们的追捧，磁条卡也开始运用在其他地方。

例如，我们在图书馆借书时使用的借书卡、用来支付乘车费的交通卡，以及公共电话卡等都是磁条卡。

然而，人们渐渐对磁条卡产生了不满。

因为磁条卡无法存储太多的信息。

此外，磁条卡对磁铁抵抗力很弱，一旦触碰到磁铁，磁条卡就有可能丢失信息，而且它很容易被坏人仿造。

麻烦的是，如果不小心将磁条卡弄弯或折断，就必须换成新卡。

于是，磁条信用卡渐渐被 IC 卡所代替。

仔细观察现在发行的银行卡或信用卡，大家就会发现，卡片的正面镶有一块金色的四边形芯片。它其实就是一种计算机芯片——IC 芯片。

IC 芯片可以储存的信息比磁条更多。

它不但对磁铁有很强的抵抗力，而且还不容易被仿造。

相信不久的将来，人们能发明出更方便的新型卡片。

磁存储技术

磁存储技术是指利用磁铁的性质存储信息的技术。卡片上的磁条中涂满了磁铁粉末，所以当电流通过时，磁铁的北极和南极会根据电流的方向发生转变。而人们正是根据被改变的磁铁的状态来存储信息的。

 磁条卡通过给磁条通电来存储和读取信息。

 计算机硬盘利用的也是磁存储原理。

象征着信誉的欧洲骑士纹章

如果说如今有记录个人信用的信用卡，那么在中世纪的欧洲，则有一种标记自己身份和信誉的"纹章"。

当自己所属的领地或王国发生战争时，欧洲的骑士们就要骑着马，身先士卒冲锋在最前方。就像参加运动会时会用不同颜色的发带来区分红队和蓝队一样，骑士们也会为了区分友军和敌军而在盾牌和旗帜上添加象征自己领地和王国的图案。这就是纹章的起源。如此一来，骑士们只要看到对面骑士们的纹章，就能得知他们隶属于哪个领地和王国、率领的骑士有多少人、拥有何种身份，以及一年能赚多少钱等信息了。

纹章还代表骑士家族的权威和信誉，到了13世纪，权贵之间进行信用交易时，也会使用刻着纹章的印章。据了解，欧洲的国王们在缔结重要的合约或颁布法律时，都会在文书上盖上刻有纹章的印章。

中世纪欧洲骑士纹章

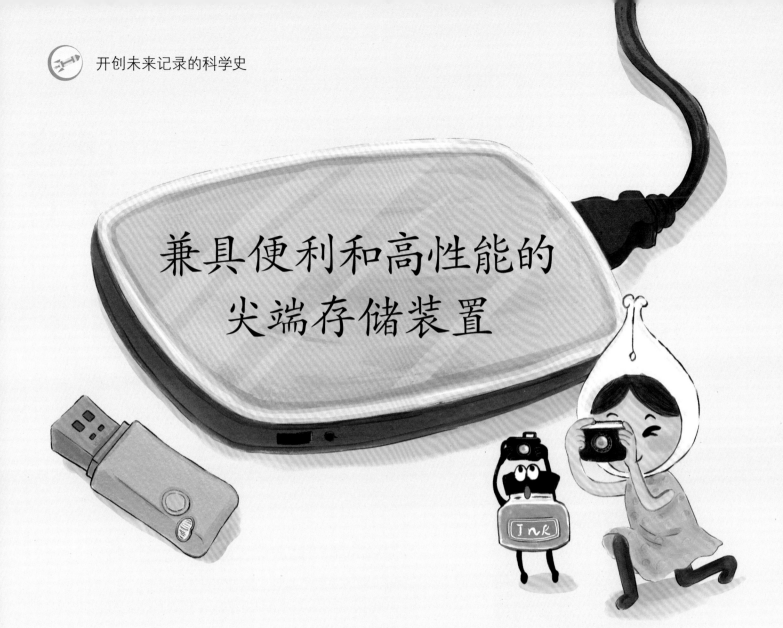

兼具便利和高性能的
尖端存储装置

最初的存储装置大多只能用来记录一些画面和声音，然后将它们进行还原。如今的存储装置除了记录和还原功能之外，还具备了多种功能，从而变得更为方便。而且，存储装置的体积逐渐缩小，更便于携带。你们认为将来，世界上又会出现哪种便利和高性能兼具的存储装置呢？

拍摄味道的相机

据说不久前，英国人发明出一种能够"拍下"各种味道和香气，并进行保存的"相机"——"Madeline"。只要将带有想要珍藏的香味的物品放进机器中，里面的特殊泵就会吸收气味粒子，将其储存在装有合成树脂的瓶子里。这种合成树脂能够对气味粒子进行分析和存储，因此人们可以在需要的时候拿出来闻一闻。据说，发明 Madeline 相机的初衷是为了能够让人们通过闻一闻之前储存的气味，从而唤醒过去的记忆。

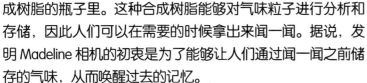

记录气味的装置
——Madeline

运动专用的MP3播放器

你以为MP3播放器只能用来听音乐吗？

MP3 播放器是一种可以容纳数千个压缩音乐文件的音乐还原器。它不仅可以用来听音乐，还具有很多其他功能。例如，运动款的 MP3 播放器像手表一样轻盈，通过内置传感器感知运动状态，记录和分析主人的运动量，俨然一个运动小助手。此外，市面上还有一种更适合运动时佩戴的耳机形式的超迷你 MP3 播放器。

汽车里的万能秘书——行车记录仪

生活中，我们经常可以看到发生交通事故后，车主们相互推卸责任的场景。这时，如果有行车记录仪，我们就能轻松得知事故发生时的具体经过。行车记录仪是汽车行驶时记录周边情况的机器。此外，行车记录仪可以接收人造卫星发出的信号，然后准确地告知车主前往目的地的最优路线，能够给那些开车技术不够熟练的新手驾驶员或前往陌生地点的人提供很大的便利。目前，人们还开发出一种当汽车过于靠近前方车辆，或轮胎压到安全线时发出警报的行车记录仪。

具有多种功能的汽车行车记录仪

能够无线交换信息的射频识别技术

射频识别技术是一种利用无线电波传递信息的技术。高速路上支付通行费时所使用的自动收费系统（ETC）中就使用了射频识别技术。通过收费站时，只要提前将 IC 卡片插入汽车里的专用终端机中，终端机就会通过无线电波将信息传递给收费站上的天线，并自动扣除相关费用。如今，射频识别技术的应用越来越广泛，如大型折扣店自动结账、图书馆的图书管理系统、宠物丢失时用来进行追踪的追踪器等均属于射频识别技术的应用范畴。

自动结算通行费的速通装置

图字：01-2019-6048

图书在版编目（CIP）数据

记录的故事 /（韩）金成浩文；（韩）鱼秀贤绘；千太阳译 . —北京：东方出版社，2021.4
（哇，科学有故事！第三辑，日常生活·尖端科技）
ISBN 978-7-5207-1483-9

Ⅰ . ①记… Ⅱ . ①金… ②鱼… ③千… Ⅲ . ①数据记录器—青少年读物 Ⅳ . ① TH85

中国版本图书馆 CIP 数据核字（2020）第 038659 号

哇，科学有故事！尖端科技篇·记录的故事
（WA，KEXUE YOU GUSHI! JIANDUAN KEJIPIAN·JILU DE GUSHI）

作　　者：［韩］金成浩 / 文　［韩］鱼秀贤 / 绘
译　　者：千太阳

策划编辑：鲁艳芳　杨朝霞
责任编辑：杨朝霞　金　琪
出　　版：东方出版社
发　　行：人民东方出版传媒有限公司
地　　址：北京市西城区北三环中路6号
邮　　编：100120
印　　刷：北京彩和坊印刷有限公司
版　　次：2021年4月第1版
印　　次：2021年4月北京第1次印刷
开　　本：820毫米×950毫米　1/12
印　　张：4
字　　数：20千字
书　　号：ISBN 978-7-5207-1483-9
定　　价：218.00元（全9册）
发行电话：（010）85924663　85924644　85924641

✒ 文字 ［韩］金成浩

大学时期学习经营学，毕业后在金融机构从事与证券有关的工作。为了实现小时候的作家梦，辞去工作，决定专心做一名童书作家。主要作品有《黑色的眼泪——石油》《经济的血脉——货币》《风和太阳的花朵——食盐》等。

🎨 插图 ［韩］鱼秀贤

毕业于角色动画专业。目前主要给网络书籍和实体图书等绘制插画。主要作品有《天气是魔法师》《与太阳玩捉迷藏》《初恋树》等。

📁 审订 ［韩］金忠燮

毕业于首尔大学物理学专业，并取得博士学位。现任水原大学物理学专业教授。主要作品有《黑洞真的是黑色的吗？》《通过视频看宇宙的发现》《默冬讲给我们听的日历的故事》《洛什讲给我们听的潮汐的故事》等，主要译作有《天文学常识》《天才们的科学笔记7：天文宇宙科学》等。

哇，科学有故事！(全33册)

扫一扫
看视频，学科学